AF305854

922.

CONSEILS

AUX CULTIVATEURS DE LA LOIRE-INFÉRIEURE

SUR

LE CHOIX, L'ACHAT ET L'EMPLOI

Des Engrais.

NANTES, IMPRIMERIE W. BUSSEUIL.

CONSEILS

AUX CULTIVATEURS DE LA LOIRE-INFÉRIEURE

SUR

LE CHOIX, L'ACHAT ET L'EMPLOI

des

ENGRAIS

Suivi de la législation préfectorale promulguée par M. Gauja,
Préfet de la Loire-Inférieure,

PAR

Adolphe BOBIERRE

Chimiste vérificateur en chef des engrais du département, professeur
de chimie à la chaire municipale de Nantes, grand prix de l'Institut,
lauréat de la Société nationale et centrale d'Agriculture, membre
de la Société Académique de la Loire-Inférieure, de la Société
Industrielle d'Angers, de Société Médicale d'Amiens, etc.

Quid faciat lætas segetes.
GEORG. VIRGILE

———

NANTES.

A LA LIBRAIRIE GUÉRAUD, PASSAGE BOUCHAUD,
ET CHEZ L'AUTEUR, 11, BOULEVARD DELORME.

—

1851.

A MONSIEUR GAUJA

Préfet de la Loire-Inférieure, Officier de la Légion-d'Honneur.

MONSIEUR LE PRÉFET,

En vous priant de vouloir bien accepter la dédicace de cette brochure, j'ai oublié le peu d'importance de l'œuvre, pour ne me rappeler que le but dont je me suis inspiré dans sa concise rédaction.

C'est parce que je sais, monsieur le Préfet, que ce but est l'objet de vos persévérants efforts, que j'ai pris la liberté de placer ce petit livre sous le patronage de votre nom.

Veuillez être assez bon, pour voir dans ce bien modeste hommage, un témoignage de la profonde reconnaissance que je vous ai vouée.

Nantes, 5 mai 1851.

ADOLPHE BOBIERRE.

Conseils aux Cultivateurs

DE LA LOIRE-INFÉRIEURE

SUR LE HOIX, L'ACHAT ET L'EMPLOI

des

ENGRAIS.

AUX CULTIVATEURS DE L'OUEST.

Je n'ai pas la pensée, mes bons amis, de vous parler
de l'agriculture considérée à son point de vue général.
Des hommes plus habiles et plus compétens que moi
ont traité, dans de bons livres, de toutes les choses
qui s'y rapportent. Vous savez beaucoup mieux que
moi, d'ailleurs, comment il faut diriger une charrue
pour tracer un sillon, comment il faut sarcler une
pièce pour protéger sa récolte. Chacun son métier, dit
le proverbe, et le proverbe n'a pas tort.

Ce que j'ai pensé utile de tracer dans ce petit livre ,
c'est la marche que vous devez suivre pour acheter,
juger, et employer quelques uns des engrais si connus
dans vos campagnes sous les noms de *noirs* , *résidus
de raffinerie* , *charrées et poudrettes.* Ce que j'ai à
vous dire à cet égard pourra vous être de quelque utilité. Il ne s'agit pas ici de discours , mais tout simple-
ment de pratique , d'expériences sérieuses ; il s'agit
enfin de vous expliquer en peu de mots quels moyens
vous devez employer, pour venir en aide à l'administration, dans les efforts qu'elle accomplit chaque jour
pour protéger vos intérêts. Sur un pareil terrein nous
devons nous comprendre , j'en ai la conviction.

Le grain se vend mal , les fermages son lourds, cela
est vrai ; mais ce qui ne l'est pas moins, c'est que le
bon Dieu mesure le vent à la laine de l'agneau, et qu'il
ne suffit pas de s'apitoyer sur le mal pour y rémédier.
Aide-toi , le ciel t'aidera.

Pourquoi les fermages sont-ils lourds ? Parce que le
grain se vend difficilement. — Pourquoi la vente du
grain laisse-t-elle peu de bénéfice au fermier ? Parce
que le prix de revient est trop élevé. Sur ce point nous
sommes bien d'accord , n'est-ce pas ? Trouvons donc
un moyen d'abaisser le prix de revient du blé, et nous
aurons fait un progrès. Or, sachez-le, ce moyen consiste dans le choix plus ou moins habile, l'achat plus
ou moins avantageux de vos engrais. C'est ce que je me
propose de vous prouver.

Ce n'est pas à moi à vous dire ce qu'il faut de sueur et de travail pour extraire du sol, chaque année, les trésors que la Providence y a placés. Eh bien ! croyez-moi, si vous apportiez dans l'achat et la connaissance de vos engrais un peu des soins et de l'attention que vous apportez, tous les ans, à défoncer vos terreins ou à rentrer vos récoltes, vous vous appercevriez rapidement que le temps consacré à aprendre ce que c'est qu'un engrais n'est pas tout à f du temps perdu.

CHAPITRE I.

NOTIONS PRÉLIMINAIRES.

§ I.

Conditions indispensables à la Culture.

Un savant chimiste eut, un jour, l'idée de semer des pois dans une soucoupe remplie de poussière de briques qu'il avait fait rougir au four, pour détruire toute trace de terreau ou matière analogue. Il recouvrit sa soucoupe d'une cloche parfaitement close, et il s'arrangea de telle sorte qu'il ne pût entrer dans la cloche que de l'air et de l'eau. Savez-vous ce qui arriva ? Il arriva que les pois germèrent et levèrent très-bien , que les feuilles ne tardèrent pas à s'épanouir, et qu'avec de *l'air et de l'eau* il eut une récolte. Ce n'était pas une récolte bien belle à la vérité , mais enfin la plante était arrivée à sa maturité.

Ce qu'il faut conclure de cette expérience faite sous un grand verre et dans une soucoupe , c'est que l'engrais le plus abondant que nous ayions à notre disposition , c'est l'air qui nous environne et l'eau qui circule dans nos ruisseaux. Vous comprenez dès lors , mes amis , pourquoi les peuples qui ont fait de la belle agriculture, ont tout d'abord utilisé ces engrais-là pour créer des prairies.

Avec des prairies , on élève des bestiaux ; avec des bestiaux , on fait du fumier ; avec du fumier , on fait du froment, de l'avoine , du seigle , du blé noir ; en un mot , on convertit l'air et l'eau en bel et bon argent. — Vous le voyez, il y a des engrais auxquels on ne pense pas assez quelquefois, et celui qui soigne ses irrigations et crée des prairies artificielles , donne un excellent exemple et fait une bonne spéculation.

Vous dire que les plantes peuvent puiser de l'engrais dans l'air qui les entoure, c'est vous dire que les plantes respirent comme les animaux. C'est une chose parfaitement exacte et dont vous vous êtes tous rendu compte.

Mais les plantes ne prennent pas seulement des engrais à l'air , elles tirent aussi du sol des matières salines nombreuses. Vous savez bien qu'en brûlant un végétal quelconque on a de la cendre. Eh bien ! cette cendre n'est autre chose que la matière qui avait été pompée, aspirée dans le sol par les racines de la plante.

Ce que vous savez comme moi, c'est que la cendre du châtaigner n'est pas pareille à la cendre du hêtre. Il y a également une différence bien grande entre la cendre du sapin et celle de la vigne. Enfin, une chose remarquable, c'est que la cendre d'une plante est toujours la même. On peut donc affirmer que les végétaux, à cet égard, sont encore pareils aux animaux.

Comme eux, en effet, ils ont leurs besoins, leur régime tracé à l'avance; et le fermier qui voudrait cultiver de la vigne dans un terrain qui ne renfermerait pas les matières terreuses qu'on retrouve en brûlant un cep, échouerait complètement.

On sait, par exemple, que si l'on brûle le blé recueilli sur un hectare de terrain, la cendre renfermera 19 kilogrammes d'une substance désignée, par les chimistes, sous le nom d'*acide phosphorique*. La cendre d'une égale récolte de fèves en eut contenu 22 kilogrammes, la betterave 12 kilogrammes. Ces chiffres prouvent que si l'on veut cultiver du blé, des fèves ou de la betterave dans une pièce de terre, il faut que cette pièce de terre renferme de cette substance qu'on appelle *acide phosphorique*. Si le sol n'en contient pas par lui-même ; si c'est un terrain de granit , de sable ou de glaise, comme la plupart de ceux de la Bretagne , il faudra nécessairement l'améliorer au moyen des engrais.

Nous pouvons donc poser en principe :

1° *Que l'air et l'eau sont des engrais naturels qu'on ne saurait trop s'appliquer à mettre à profit ;*

2° *Que le sol destiné à la culture d'une plante doit contenir les substances minérales que renferme la cendre de cette plante.*

§ II.

Conditions favorables à la Végétation.

Je vous ai dit , plus haut ; qu'avec de l'air et de l'humidité on pouvait faire lever, fleurir et fructifier une plante ; mais j'ai ajouté que c'était là de la triste culture.

Cette culture , il y a un moyen bien simple de la rendre prospère. Il suffit pour cela de semer les graines non plus dans de la brique écrasée , ou même du verre pilé, comme l'ont fait les chimistes qui voulaient étudier la végétation sous des cloches de verre , mais bien dans un sol labouré, fumé, et sous la grande cloche du ciel.

Si l'on a semé du blé dans un terrain de granit , et

qu'on ait fumé avec du noir de Russie bien rude et
bien sec , on aura peu de paille , une végétation lente
et un produit en grain qui sera très variable , selon
l'humidité de la saison.

Si , au contraire , on a employé de la tourbe mélangée de matière fécale (tourbe jaillée) , on aura une
végétation hâtive, beaucoup de paille, peu de grain.

Enfin, si l'on a employé un de ces bons résidus de
raffinerie comme on en trouve dans les raffineries de
Nantes, Bordeaux et Marseille ; et dans lesquels il y a
de la matière animale (sang) unie à du *phospate de
chaux*, on aura un excellent résultat.

Je n'ai pas besoin d'insister longtemps sur ces faits ,
car vous les avez constatés vingt fois dans le cours de
vos travaux ; mais ce que je dois signaler à votre attention , c'est qu'ils renferment un précepte dont vous de-
vriez toujours vous souvenir , quand vous choisissez vos
engrais. Ce précepte le voici :

*Il ne suffit pas qu'un engrais destiné à un terrain
aride , renferme les substances minérales indispensa-
bles à la plante , il faut aussi qu'il contienne des matières animales susceptibles de hâter la végétation et
de favoriser l'aspiration des sels qui se retrouvent
plus tard dans la cendre de cette plante.*

CHAPITRE II.

DE LA COMPOSITION DES PRINCIPAUX ENGRAIS EMPLOYÉS DANS L'OUEST.

§ I.

Du fumier de Ferme.

Le fumier est certainement l'un des meilleurs engrais, et s'il est une chose regrettable, c'est que sa production soit généralement accomplie avec une négligence fatale aux intérêts de la culture.

Si vous pouviez voir avec quel soin on fait le fumier dans certaines contrées, en Suisse, en Flandres, en Alsace; si vous considériez avec quelle attention on s'oppose, dans ces pays-là, à ce que le purin (pureau) s'écoule inutilement chez le voisin, ou dans le ruisseau de la rue; si vous pouviez enfin vous rendre compte du bénéfice que donne, au bout de l'année, un bon traitement des fumiers, vous voudriez, j'en suis persuadé réformer immédiatement la coutume barbare, généralement suivie dans la Loire-Inférieure, par presque tous les cultivateurs.

Je n'ai pas besoin de vous l'apprendre, mais cette substance si active, cet engrais si puissant est le plus souvent mis en tas , sans soin et sans raisonnement. Le purin s'écoule sur un terrain dont la pente n'est pas calculée ; il est perdu pour son propriétaire. La pluie continue l'œuvre que le simple poids du fumier a commencé ; les matières liquides continuent à s'écouler , et au bout de quelques mois, au lieu d'avoir un fumier bien gras , bien consommé , bien riche en matière animale , on a une paille lavée par les pluies et qui a perdu — notez-le bien — un bon tiers, sinon davantage, de sa puissance fertilisante.

Le fumier renferme , à peu de chose près , 80 pour cent d'humidité : c'est assez vous dire qu'il est dans des conditions excellentes pour s'échauffer et se *consommer* ; mais si pendant cet échauffement on laisse la pluie faire un lavage général de la masse ; si, d'autre part, on ne s'occupe pas de recueillir le purin, on perd de gaîté de cœur un engrais très-puissant.

M. Girardin , professeur de chimie à Rouen , a publié un excellent petit livre, où il indique avec beaucoup de soin les méthodes suivies dans plusieurs localités où l'on a fait des fumiers d'une activité remarquable. Rien de plus simple que ces méthodes, comme vous pouvez en juger.

Au lieu de disposer un tas de fumier sur le premier endroit venu, on choisit un terrain légèrement incliné, et dans la longueur duquel on pratique un ruisseau aboutissant à une petite fosse. Dans cette fosse, se rendront les liquides du fumier, et à mesure que le tas s'élèvera , on remontera ces liquides à sa surface avec une pompe en bois. Mais comme l'échauffement de la masse fait échapper des gaz très-précieux et qu'il importe de ne pas laisser perdre , on a le soin de mettre dans la fosse au purin une petite quantité de couperose verte (sulfate de fer) qui a un effet remarquable ; et s'oppose à la volatilisation des principes fertilisants du fumier.

Par ce moyen , on a le double avantage de produire un fumier bien consommé et très-riche. La couperose verte peut être employée en très-petite quantité et ne coûte que 8 à 10 centimes le kilogramme. Les cultivateurs de l'Alsace, de la Suisse et de plusieurs autres contrées s'en servent avec avantage. Je ne saurais trop vous recommander d'y avoir recours dans votre pratique.

§ II.

Du noir animal, résidu de raffinerie.

Depuis 1822 , grâce aux essais tentés à Paris par un habile chimiste, M. Payen, et à Nantes par l'honorable M. Ferdinand Favre, l'attention de l'agriculture et du commerce a été appelée sur l'emploi avantageux auquel les résidus de raffinerie pouvaient donner lieu.

Ce n'est pas aux agriculteurs de la Loire-Inférieure qu'il est besoin de parler de la vogue avec laquelle le nouvel engrais a été accueilli dans la Bretagne ; la

Mayenne et une partie de la Vendée. Vous avez tous pu juger des effets du résidu pur de raffinerie sur les froments et les sarrazins ; mais ce que vous avez pu voir également, c'est qu'au noir animal pur le commerce a bientôt substitué des mélanges où la tourbe a joué un grand rôle.

Voulez-vous que je vous donne une idée de ce que la fraude a introduit dans les engrais qui vous ont été vendus pendant ces dix dernières années. Cela me sera facile.

De 1840 à 1850, les raffineries de Bordeaux, de Marseille, de Paris, de Nantes, de Russie, d'Allemagne, de Venise, ont introduit dans le département de la Loire-Inférieure 1,887,212 hectolitres de *noir de raffinerie*, ce qui représente à peu près un capital de 18 millions 872 mille francs.

Si la consommation s'était habituée à bien se rendre compte en faisant ses achats ; si vous tous, cultivateurs de l'Ouest, vous vous étiez bien mis en garde contre la fraude, vous eussiez donc consommé un million 887,212 hectolitres d'engrais non frélaté. Au lieu de cela, savez-vous ce qui est arrivé ? On a, pendant ces mêmes dix années, mélangé 2 millions 500 mille hectolitres de tourbe aux noirs des raffineries, et le préjudice causé à l'agriculture, dans un rayon de 80 kilomètres de Nantes, a été environ de 10 millions de francs ! Avais-je raison de vous dire que le temps employé à apprendre ce que c'est qu'un *noir pur* n'est pas du temps perdu? Avais-je raison de vous dire que le premier argent gagné est celui qu'on ne dépense pas en engrais? Avais-je raison , enfin, quand je vous disais qu'il fallait que vous vinssiez en aide aux efforts de l'administration préfectorale , en vous pénétrant bien des mesures qu'elle a prises pour vous protéger contre la fraude ? Jugez et répondez.

La tourbe, trop souvent mélangée au noir pur de raffinerie , est une substance de *nul effet* , soyez-en bien persuadés. Ceux de vous qui ont la malheureuse idée d'acheter des engrais *à bon marché* , sont précisément ceux qui paient, en définitive, le plus cher. Cela est facile à prouver.

Si vous achetez un noir de raffinerie pur , vous le paierez, cette année, de 9 francs à 12 francs l'hectolitre, selon la qualité. Prenons le chiffre de 12 francs. Le marchand de Nort , de Châteaubriand ou de toute autre localité additionnera cet hectolitre d'engrais de 3 hectolitres de tourbe. — Je ne vous parle pas des années où ce mélange s'effectuait dans la proportion de 1 hectolitre de noir sur 5 ou 6 de tourbe.— Nous aurons donc, d'une part :

Un hectolitre de noir pur pour 12 francs,

Et d'autre part :

    1 hectolitre de noir............ 12 fr.

    3 hectolitres de tourbe........ 00

Total 4 hectolitres , valant.......... 12

Dans le premier cas, en n'achetant qu'un seul hectolitre de *noir pur*, que vous avez payé 12 francs, vous avez en réalité pour 12 francs de marchandise.

Dans le second cas, au contraire, si vous achetez un hectolitre du mélange au prix de 8 francs, croyant faire une économie, vous n'aurez en réalité, dans votre hectolitre à 8 francs, qu'un quart d'hectolitre de noir, soit une valeur de 3 francs.

Vous avez cru faire une économie et vous avez perdu 5 francs par hectolitre, de telle sorte que si vous en employez 8 à l'hectare, c'est une somme de 40 francs que vous avez jetée à l'eau. — Et je ne calcule pas les frais inutiles du charroi nécessité par l'augmentation de volume donné à votre engrais mélangé.

La conclusion à laquelle je veux arriver est celle-ci : *Donnez toujours la préférence aux noirs purs de raffinerie, et soyez bien persuadés que les engrais à bas prix sont les plus chers que vous puissiez acheter.*

Après avoir appelé votre attention sur les funestes résultats du mélange des noirs de raffinerie avec la tourbe de Montoir, il faut que je vous explique la différence d'action des *noirs purs* et des *noirs mélangés* sur les terrains.

Les noirs purs de raffinerie sont de plusieurs qualités : aussi leur prix est-il lui-même très-variable. Cela tient à la manière de travailler des raffineurs de sucre. Il y a des raffineurs, en effet, qui purifient le sucre dans de grandes chaudières où, pour 100 kilogrammes de sucre , ils jettent deux litres de sang de bœuf et deux ou trois kilogrammes de noir d'os en poudre. D'autres augmentent la quantité de noir d'os jusqu'à six , sept , huit kilogrammes : cela se faisait surtout il y a une vingtaine d'années. Il en résulte , comme vous le voyez , que le noir d'os résidu de raffinerie contient plus ou moins de sang , de sucre, etc. , suivant les fabriques où on le produit.

Vous avez dû remarquer que les noirs sortant des raffineries de Nantes sont moins lourds que ceux qui viennent de très-loin. Vous avez dû remarquer également que ces résidus ont une odeur qui les fait reconnaître bien facilement. Ce que vous pourriez constater enfin , c'est qu'en les jetant sur un charbon allumé, ou mieux sur une pelle à feu rougie , ils laissent échapper une odeur très-forte de corne grillée. Cette odeur est causée par la présence du *sang figé* retenu dans le noir de raffinerie. Or , vous devez comprendre combien ce sang figé et coagulé est une matière précieuse pour le bon effet des sels calcaires naturellement contenus dans le noir d'os.

En voulez-vous une preuve? Essayez comparativement du noir d'os qui vient d'être fabriqué, puis du même noir ayant servi au travail du sucre, et vous verrez que l'addition du sang et sa fermentation produiront un effet tellement marqué sur la récolte, qu'il ne vous sera pas permis de conserver le moindre doute sur la supériorité du *noir résidu de raffinerie.*

Quand on brûle un os en le jetant dans le foyer d'une cheminée, on remarque que la graisse et les matières animales qu'il renferme se charbonnent peu à peu. Au bout d'un certain temps, le charbon se brûle lui-même, et l'on n'a plus qu'un os très-léger, rempli de petits trous et parfaitement blanc. Cette matière blanche, c'est la *cendre de l'os*, elle est presque entièrement composée de ce que les chimistes appellent — retenez-bien ce nom — du *phosphate de chaux*.

Dans le noir d'os qui entre chez le raffineur, il y a environ 70 à 72 pour cent de phosphate de chaux.

Après la clarification du sucre, le *sang figé* retenu par le noir d'os augmente son poids; aussi, selon la quantité de sang employée, le noir d'os contient-il des quantités variables de *sang figé*, et le *phosphate de chaux dimnue alors d'autant.*

Au sortir des raffineries de Nantes et après que le noir d'os — *qui souvent sert plusieurs fois au travail* — s'est bien chargé de *sang figé*, il ne renferme plus 70 pour cent de *phosphate de chaux*, mais bien 60 pour cent, 59 pour cent, 52 pour cent et quelquefois 45 pour cent.

Mais ce qu'il ne faut pas que vous perdiez de vue, c'est que dans ce cas là, si le *phosphate de chaux* a diminué, d'autre part la substance animale a augmenté. Or, cette substance animale est précieuse pour l'agriculture. C'est en effet du sang amené à l'état solide, du sang mis en poudre, du sang *concentré* — si je puis m'exprimer ainsi ; — car à l'état où il se trouve dans le *résidu de raffinerie*, il est débarrassé des 82 pour cent d'eau environ qu'il renferme à l'état liquide, c'est-à-dire pris à l'abattoir.

Un litre de sang pèse environ 1 kilogramme 56 grammes, et ne renferme que 190 grammes de matière solide. — Tout le reste c'est de l'eau. — Ce simple fait me dispense de vous démontrer plus longuement combien du *sang figé* mélangé au noir d'os peut ajouter à la vertu de cet excellent engrais (1).

Un résidu de raffinerie dont la diminution du phosphate de chaux est causée par l'augmentation du *sang* sec, figé, coagulé dans ses pores, comme il le serait

---

(1) Dans une brochure intitulée : DU PRÉJUDICE CAUSÉ A L'AGRICULTURE PAR LES NOUVEAUX PROCÉDÉS DE RAFFINAGE, M. Bertin a cherché à prouver que l'emploi du sang était cause de l'infériorité des résidus de raffinerie ; et cet auteur a basé 105 pages d'argumentation sur le fait suivant, savoir :

4 LITRES DE SANG EMPLOYÉS POUR CLARIFIER 100 KIL. DE SUCRE CONTIENNENT 1 KILOG. 224 GRAMMES DE MATIÈRE SOLIDE.

D'APRÈS M. BERTIN LUI-MÊME (page 24 de sa brochure), UN LITRE DE SANG NE RENFERME QUE 175 GRAMMES DE MATIÈRE SOLIDE, SOIT 700 GRAMMES POUR LES 4 LITRES ET NON PAS 1 KILOG. 224 GRAMMES.

Si, comme le dit M. Bertin, 4 litres de sang pouvaient représenter 1 kilog. 224 grammes, un litre représenterait 306 grammes au lieu du chiffre 175 admis par l'auteur lui-même.

Comme un litre de sang pèse environ 1,056 grammes, c'est une erreur de 131 grammes sur 1,056, OU DE 12 POUR CENT SUR LE SANG LIQUIDE.

Sur le résidu sec du sang, L'ERREUR EST DE 61 POUR CENT.

Ces erreurs grossières, sur lesquelles roule toute l'argumentation de M. Bertin, motivent, je crois, le silence que j'ai dû garder sur les attaques peu parlementaires contenues dans son travail.

dans les cavités d'une éponge , n'est donc pas un noir à dédaigner, bien au contraire ; et c'est, mes bons amis, ce que la pratique a prouvé depuis longtemps. Ne voyez-vous pas les noirs de la raffinerie de Richebourg se vendre 12 à 15 fr. l'hectolitre, quand des noirs de Russie se vendent 8 , 9 et 10 francs ? Eh bien ! les noirs de Russie renferment de 70 à 80 pour cent de *phosphate de chaux*, tandis que ceux de Nantes, qui doivent leurs excellentes qualités au travail du sucre et au mélange avec le *sang figé* , ne renferment que 50 et quelques pour cent de phosphate de chaux en moyenne. Je crois que c'est assez clair.

Le sang employé *seul* dans vos terrains de la Loire-Inférieure, pousserait à la paille et développerait surtout le feuillage des plantes. Le phosphate de chaux *seul* n'agirait que très lentement et d'une manière peu profitable ; mais le mélange du phosphate de chaux avec le sang , dans la chaudière du raffineur, constitue un composé qui donne à la fois de la paille et du grain , s'il est bien employé , *et surtout s'il n'est pas mélangé par les marchands de tourbe.*

Tout ceci revient à dire que , pour que la matière principale des os soit absorbée par la plante , il faut que le noir d'os soit mélangé avec une substance d'origine animale.

Eh bien ! il faut que je vous le dise en passant : de même que cette cendre blanche qu'on appelle le *phosphate de chaux* , constitue la matière la plus chère et la plus précieuse des os; de même , il y a un principe particulier appelé *azote* , qu'on trouve dans les matières animales. Plus une matière animale contient d'*azote*, plus elle est profitable comme engrais , plus elle est chère , plus elle est recherchée.

Les charognes , le sang , les matières fécales des fosses d'aisance , les chiffons de laine , les bouillons d'équarissage sont des matières qui agissent surtout sur la végétation en raison de l'*azote* qu'elles renferment.

Quand un engrais renferme à la fois de l'azote et du phosphate de chaux , il contient donc ce qu'il faut pour *pousser à la paille et au grain.*

Il faut de très petites quantités d'*azote* pour communiquer à un engrais la propriété de favoriser la végétation. — Vous en jugerez vous-même quand je vous dirai que la charogne bien desséchée — c'est-à-dire réduite à 20 pour cent de son poids — ne renferme que................ .: 14 pour cent d'azote.

Le sang sec.............. 16 à 17 pour cent.

Les chiffons de laine..... 20 pour cent.

Le guano................ 7 à 15 pour cent.

La poudrette de Paris..... 2 à 2 1/2 pour cent.

Le noir d'os vierge.......

Le noir de Russie....... } 1 à 1 1/2 pour cent.

Le même après avoir été mélangé avec le sang dans la chaudière du raffineur (noir de Nantes)................ 2 à 3 pour cent.

Le bon fumier desséché
(c'est-à-dire débarrassé des
4 cinquièmes d'humidité qu'il
renferme)................ pas tout-à-fait 2 pour cent.

La tourbe ne renferme, elle, ni *phosphate de chaux*, ni *matière animale*. Elle n'est donc bonne ni à grossir le grain ni à vous donner de la paille. Voulez-vous que je vous résume ma pensée en deux mots : la tourbe profite surtout à celui qui la vend. Il y en a, parmi vous, qui n'ont pas attendu ce petit livre pour s'en apercevoir.

Dans un ouvrage très-bien rédigé et publié, sous le titre de *Veillées Villageoises*, par l'honorable M. Neveu-Deroterie, inspecteur d'agriculture de la Loire-Inférieure, l'auteur vous dit avec raison que si vous voulez reconnaître le mélange de la tourbe dans un noir dit de raffinerie, il faut jeter sur une pelle rougie un peu de la poudre suspecte. Quand vous aurez affaire à un noir de raffinerie pur, vous aurez une cendre bien blanche, tout à fait semblable à celle qu'on obtient en jetant un os au feu.

La tourbe, au contraire, donne une cendre rougeâtre, dont la couleur est un indice que je ne saurais trop vous signaler.

Il résulte de tout ce que je viens de vous dire :

1° Que le *phosphate de chaux* est la matière la plus chère qui soit contenue dans le noir d'os brut.

2º Que le *phosphate de chaux* agit d'autant plus vite sur la végétation , qu'il est mieux mélangé avec une matière d'origine animale et susceptible de fermentation.

3º Que les substances animales doivent leur action végétative à un principe qu'on appelle *azote.*

4º Que les *résidus ou noirs de raffinerie* , riches en sang , donnent à la végétation une activité plus grande que ceux dont la proportion d'*azote* est très-faible.

5º Enfin , que la tourbe est une substance inutile , encombrante , augmentant beaucoup le volume des engrais sans augmenter leur valeur, et qu'il faut, par conséquent, savoir la reconnaître dans les mélanges qui la contiennent.

§ III.

Des Poudrettes.

Les poudrettes sont des mélanges de matières animales avec des substances absorbantes , telles que la tourbe , le terreau , la terre carbonisée, la tourbe carbonisée. Le plus généralement, dans la Loire-Inférieure, elles sont constituées par de la tourbe *jaillée* , c'est-à-dire mélangée à des matières des fosses d'aisance. Les poudrettes sont donc des engrais dont l'importance est surtout en rapport avec leur richesse en parties animales, c'e st-à-dire en *azote.*

On peut s'y prendre de bien des manières pour faire de la poudrette. Aussi les procédés de fabrication varient-ils suivant les localités. Partout où il y a des matières fécales , il serait désirable qu'au lieu de les laisser perdre , on les utilisât pour faire de la poudrette , ce qui n'est pas bien difficile. Il suffit en effet de prendre du terreau , de la terre sèche , de la tourbe , ou — ce qui vaudrait mieux — de la tourbe carbonisée *dans un four bien fermé* , et d'y ajouter de la matière fécale, en mélangeant convenablement le tout.

Une chose qu'il ne faut prs oublier , c'est que la chaux vive éteinte ne doit jamais entrer dans une poudrette : elle en détruirait rapidement la matière animale. Si vous voulez en avoir la preuve , vous n'avez qu'à mélanger un peu de chaux vive dans une assiette avec de la poudrette : en mêlant bien le tout et l'arrosant convenablement , vous ne tarderez pas à sentir une odeur piquante qui est due à l'évaporation du principe animal , de l'*azote*. Au bout d'un certain temps , vous ne sentirez plus d'odeur piquante ; c'est que le principe animal sera tout entier évaporé. S'il vous est jamais arrivé de voir cet engrais puissant qu'on tire de l'Amérique et de l'Afrique, et qu'on appelle guano, vous aurez remarqué qu'il dégage, en grande quantité, cette vapeur piquante qui n'est autre chose , je vous le répète, que le principe animal qui s'évapore.

Le peu que je vous dis sur la *poudrette* vous permet déjà de conclure que cet engrais peut être très variable comme qualité. La poudrette de Montfaucon , près Paris , renferme environ 2 pour cent d'*azote*. Les bonnes poudrettes de Nantes sont à peu près dans le même cas.

Toutes les fois qu'une poudrette est riche en principe animal , il vous est facile de le reconnaître. Il suffit pour cela d'en mettre un décilitre environ dans un pot de terre, et de mélanger cette quantité avec un égal volume de chaux vive en bouillie claire. En remuant bien le tout et le chauffant légèrement , vous sentirez l'odeur piquante — signe de la décomposition de la matière animale. — Si cette odeur est forte , la poudrette est de bonne qualité. Si vous la sentez à peine , vous pouvez conclure que la poudrette est mauvaise.

En Flandres , à Grenoble , à Lyon et en Toscane , les matières fécales sont très-recherchées pour engraisser les terres. Au sortir des fosses d'aisance , elles sont délayées avec de l'eau dans des tonneaux, et l'on arrose ainsi les champs où l'on fait admirablement pousser du colza , de l'œillette , du tabac, du chanvre , du lin.

Ce qu'il ne faut pas perdre de vue , c'est que la matière des fosses d'aisance ne saurait être employée *fraîche* sur une prairie destinée au paccage des bestiaux. Dans ce cas, en effet, l'herbe peut prendre un goût qui se retrouve dans le lait , et par suite dans les fromages qui en proviennent.

Cet inconvénient qui a été signalé plusieurs fois, peut

être évité facilement ; il suffit pour cela de laisser fermenter quelque temps la matière fécale avant de l'employer.

Ce qu'il faut enfin que je vous dise en quittant ce sujet, c'est que la suie des cheminées est une matière très-précieuse pour transformer la matière fécale en poudrette excellente et pour la désinfecter à la minute. N'oubliez pas cette propriété de la suie ; elle est extrêmement remarquable.

§ IV.

Des engrais généralement vendus dans la Loire-Inférieure.

Je vous ai dit au commencement de ce petit livre, que, pendant longtemps, on avait introduit, année moyenne, à Nantes, trois cent mille hectolitres de tourbe pour faire des engrais composés. C'est que la tourbe est en effet une substance très-commode pour les fraudeurs. Elle est beaucoup plus légère que le *noir* ; et comme vous achetez le noir à l'hectolitre, vous comprenez très-bien qu'avec la tourbe on peut facilement faire *foisonner* le mélange.

Dès 1830, on commençait à se plaindre de la fraude des noirs. L'addition de la tourbe a été si forte depuis cette époque, qu'en 1837, le conseil général de la Loire-Inférieure dut constater que sur 100 *noirs* livrés à l'agriculture, il y en avait 70 falsifiés !

Dans les premiers temps, on se contentait de mettre *un peu de tourbe dans le noir.* Plus tard , certains marchands en arrivèrent à mettre *un peu de noir dans la tourbe.* Et ceux d'entre vous qui , séduits par l'*apparence* du bon marché , ont acheté 6 , 8 et 10 fr. l'hectolitre des engrais ne renfermant quelquefois que 4 ou 5 pour cent de *phosphate de chaux* , ont fait, comme vous le voyez , une triste spéculation.

Notez bien du reste qu'on peut faire d'excellents engrais concentrés , en réunissant des matières animales (chair desséchée , sang desséché , poisson sec , matière fécale , sang liquide, bouillons d'équarrissage) avec des substances contenant du *phosphate de chaux.* Mais , dans ces cas-là , il y a une dose d'*azote* et de *phosphate* bien notable , et c'est ce que les écriteaux des chantiers permettent de reconnaître.

On a fabriqué, il y a une année , un engrais composé , appelé *zoofime.* Il contenait :

Azote............... 2 1/2 pour cent.

Phosphate de chaux.. 20 » —

Tout le reste en sels ou en coquillage écrasé.

Voilà un bon engrais.

M. Derrien a placé, ces jours derniers , au chantier départemental, un engrais pour colza renfermant :

Azote.................... 5 pour cent.

Phosphate de chaux..... 30 —

Tout le reste en matières et sels utiles.

Voilà un bon engrais.

Des engrais comme ceux-là pèsent de 82 à 100 kilog. l'hectolitre, tandis que la plupart des engrais faits à la tourbe ne pèsent que 45 , 50 , 55 , 60 kilog. l'hectolitre, selon la quantité de *noir pur* qu'on y a mélangée.

Je vous le répète en terminant : *Méfiez-vous de la tourbe, et achetez plutôt des noirs purs — quitte à les mélanger vous-mêmes — que des mélanges légers, dont le bon marché qui vous séduit est souvent un leurre.*

§ V.

Des Charrées.

Deux mots seulement sur les *charrées*.

Beaucoup contiennent du sable et du tufeau des bords de la Loire. J'en ai rencontré de pures ; celles-là doivent avoir un écriteau portant le mot *charrée*. *Toutes celles qui ne portent pas cette indication , regardez-les comme falsifiées.*

Je vous ai dit plus haut qu'après avoir commencé à mettre un peu de tourbe dans le noir, certains marchands avaient fini par mettre un peu de noir dans la tourbe. Beaucoup de marchands de charrées du pays haut en ont fait autant, et après avoir commencé à mettre un peu de sable ou de tufeau dans la charrée, ils ont fini par ne mettre qu'un peu de charrée dans le sable.

C'est à vous à combattre cette fraude en n'achetant que des substances étiquetées *charrées* en grosses lettres.

CHAPITRE III.

GARANTIE DE L'ACHETEUR. — CE QU'IL DOIT EXIGER.

Maintenant que vous savez ce que c'est que du phosphate de chaux et ce que c'est que l'azote, je puis vous dire en quoi consiste la nouvelle loi adoptée par M. le préfet de la Loire-Inférieure, dans le but de vous préserver de la fraude des engrais.

D'après cette loi, chaque marchand doit avoir sur ses tas d'engrais, des écritaux bien lisibles, indiquant :

1° Si la matière vendue est un *noir résidu pur* de raffinerie ;

2° La quantité de *phosphate de chaux* et d'*azote* (s'il y a lieu) contenue dans la matière.

Quand vous lisez sur un écriteau :

NOIR DE RAFFINERIE (MARSEILLE)
Phosphate de chaux........ 69

Cela veut dire que le résidu est pur et qu'il contient 69 pour cent de phosphate de chaux.

Quand vous lisez :

<table>
<tr><td>NOIR DE RAFFINERIE (NANTES)</td></tr>
<tr><td>Phosphate de chaux.... 48</td></tr>
<tr><td>Azote.............. 3</td></tr>
</table>

Cela veut dire encore que le noir est pur et qu'il est riche en *sang figé*.

Rappelez-vous que le mot NOIR *placé sur un écriteau, signifie que la substance est pure de tout mélange.*

Voici encore un exemple d'écriteau :

<table>
<tr><td>NOIR DE RAFFINERIE (NANTES).</td></tr>
<tr><td>Phosphate de chaux.... 59</td></tr>
<tr><td>Azote.............. 2 1/2</td></tr>
</table>

Si la substance vendue n'est pas un noir pur, elle ne doit jamais être désignée par le mot *noir*, et son écriteau doit contenir l'indication de sa richesse en *phosphate de chaux* et de sa richesse en *azote* (*).

En voici un exemple :

<table>
<tr><td>ENGRAIS.</td></tr>
<tr><td>Phosphate de chaux.... 30</td></tr>
<tr><td>Azote............ .... 1 1/2</td></tr>
</table>

(*) Quand l'azote d'un engrais ne s'élève qu'à 12 ou 14 pour mille ou 1,2 à 1,4 0/0, on comprend qu'il soit inutile d'en tenir compte sur l'écriteau.

Mais il ne vous suffit pas — retenez bien ceci — de faire attention à l'écriteau, il vous faut aussi connaître *le poids de l'hectolitre de l'engrais*, et vous allez le comprendre de suite.

L'analyse ne dit pas que le dernier engrais dont je viens de vous tracer le modèle d'écriteau, contienne 30 litres de phosphate de chaux sur 100 litres de marchandise. L'analyse dit que 100 kilogrammes de l'engrais contiennent 30 kilogrammes de phosphate de chaux. Donc — vous ne sauriez trop vous pénétrer de ceci — si l'hectolitre pèse 100 kilogrammes, il contiendra 30 kilogrammes de phosphate de chaux ; mais si l'hectolitre ne pèse que 50 kilogrammes, il ne contiendra que 15 kilogrammes.

Je ne saurais trop insister sur ce point et vous recommander trop vivement :

1° *De vous assurer toujours, par vous-même, du poids de l'hectolitre des engrais ou des noirs purs que vous achetez.*

2° *De préférer les engrais les plus lourds.*

3° *De vous rappeler que l'analyse est faite sur des poids et jamais sur des mesures de capacité.*

Lorsqu'un marchand vous présentera un engrais sans écriteau, n'achetez pas.

Lors qu'un marchand cherchera à vous tromper sur le poids de l'hectolitre, n'achetez pas.

Lorsqu'on vous présentera une charrée sans écriteau, n'achetez pas.

En général méfiez-vous des mélanges et des engrais à *bon marché*. Je vous ai prouvé plus haut combien ce mot là était quelquefois mal employé.

Si vous voulez, au surplus, avoir une idée précise des nouveaux réglements, si vous voulez voir comment le chantier d'un commerçant honnête doit être tenu, venez à Nantes, entrez au *dépôt public départemental*, situé sur la Prairie-au-Duc. Examinez les écriteaux. Vous vous rendrez compte en quelques minutes de l'utilité de leurs indications. *Tout chantier doit avoir des écriteaux comme ceux-là. Tout marchand qui n'en a pas est en contravention.*

Dans le chantier public départemental, *où tout commerçant peut placer ses engrais*, et où tout acheteur peut se présenter, les engrais sont mis sous la surveillance d'un agent de la Chambre de Commerce et de la Préfecture. Il est évident que c'est une grande garantie donnée aux acheteurs, et je ne saurais trop vous engager à visiter cet utile établissement (1).

Je terminerai ici, mes amis, ce que j'avais à vous dire sur les engrais. Si vous avez lu ce petit livre avec at-

---

(1) Plusieurs commerçants, parmi lesquels je dois citer MM. Pelloutier, Edouard Derrien et Decré Belluot, ont pris une initiative à laquelle on ne saurait trop applaudir. Elle consiste à placer sur les engrais et EN SUS DE L'ÉCRITEAU OFFICIEL, une pancarte indiquant toute l'analyse de l'engrais.

tention, vous êtes assez savant maintenant pour vous mettre en garde contre les fraudeurs.

Je ne puis rien vous souhaiter de plus favorable à vos intérêts.

ADOLPHE BOBIERRE.

NOTE.

Une année s'est à peine écoulée depuis la promulgation des arrêtés préfectoraux de M. Gauja , et déjà des résultats remarquables ont été obtenus dans le département de la Loire-Inférieure.

Ces résultats sont surtout frappants lorsqu'on examine l'augmentation graduelle du phosphate de chaux dans les mélanges de tourbe , la garantie donnée à l'acheteur par les écriteaux , l'accueil sympathique fait par tous les agriculteurs éclairés du département , au dépôt public fondé par la Préfecture et la Chambre de Commerce , et enfin , la grande quantité de substances qui vendus , jusqu'à l'année dernière, sous le nom de NOIRS PURS, sont aujourd'hui reléguées dans la catégorie des ENGRAIS proprement dits.

Le Conseil Municipal d'Angers a voté à l'unanimité la création d'un CHANTIER PUBLIC D'ENGRAIS.

L'Association Agricole du Sud-Est , présidée par M. Pinondel de la Bertoche, s'occupe d'installer une fondation analogue, et de populariser, dans le Sud-Est , les écriteaux indicateurs.

Les annales de l'AGRONOMIE FRANÇAISE , se sont empressés d'ouvrir leurs colonnes à l'exposé des mesures arrêtées dans la Loire-Inférieure.

La Société centrale d'Agriculture de la Seine-Inférieure a demandé au Ministre de l'agriculture , d'étendre à tout le territoire français , la législation comprise dans l'arrêté pris par M. Gauja , en date du 6 avril 1850.

La même Société vient d'adresser une circulaire à toutes les sociétés savantes et à tous les comices agricoles de France, dans le but d'obtenir une adhésion générale à sa demande au ministre.

Enfin, sur la proposition de son savant rapporteur, M. Payen, le Congrès central d'Agriculture a, à l'unanimité, appelé la reconnaissance publique sur les efforts tentés dans le département de la Loire-Inférieure.

Réglement de Police

Sur le commerce des Engrais.

Nous, préfet de la Loire-Inférieure,

Vu l'arrêté de notre prédécesseur, en date du 19 mai 1841, prescrivant diverses mesures de police, pour empêcher le fraude dans le commerce des engrais ;

Vu les rapports de la commission consultative des engrais, de M l'inspecteur de l'agriculture et de M. le vérificateur en chef des engrais ;

Vu les lois du 22 décembre 1789 et du 28 pluviôse an VIII, qui chargent les préfets de l'administration générale des départements ;

Vu la loi du 18 juillet 1837, art. 10 , qui charge les maires « de » la police municipale, et de l'exécution des actes de l'autorité supé-» rieure qui y sont relatifs ; »

Vu les lois du 14 décembre 1789, art. 50, et du 16-24 août 1790, section 11, qui définissent la police municipale et classent parmi ses attributions « l'inspection sur la fidélité du débit des denrées » qui se vendent au poids, à l'aune ou à la mesure ; »

Vu les arrêts de cassation des 20 septembre et 31 octobre 1822, qui constatent le droit attribué aux préfets « de faire directement des » réglements sur les objets de police municipale, lorsqu'il s'agit » de mesures générales d'un égal intérêt pour toutes les communes » du département ; »

Vu l'article 423 du Code pénal, qui punit d'un emprisonnement de trois mois à un an, d'une amende de 50 fr. au moins, et de la confiscation des objets du délit , quiconque aura trompé l'acheteur sur la nature d'une marchandise quelconque ;

Considérant que , pour combattre avec plus de succès la fraude qui se commet encore **dans la vente des engrais.**, **au grand** préjudice de l'industrie agricole ; l'expérience a fait reconnaître la nécessité d'ajouter aux mesures qui font l'objet de l'arrêté mentionné ci-dessus , différentes dispositions qui mettront le consommateur en position de mieux apprécier que par le passé la nature de l'engrais mis en vente ;

Considérant qu'il est du devoir de l'Administration d'empêcher qu'une substance soit vendue sous le nom d'une autre substance ; que c'est surtout dans le commerce des engrais, qui touche à un intérêt public considérable , que l'on doit s'efforcer d'atteindre ce but ;

ARRETONS :

Article premier. — Tout commerçant vendant des matières quelconques non liquides , désignées comme propres à fertiliser la terre , devra inscrire sur un écriteau placé à la porte de chacun de ses magasins , ou sur le tas de la substance mise en vente , le nom de l'engrais qu'il débite.

Art. 2. — Si plusieurs espèces d'engrais sont contenues dans un magasin , chacune d'elles devra être renfermées dans une case distincte , entièrement séparée des autres , et portant sur un écriteau le nom particulier de l'espèce d'engrais.

Art. 3. — Ne pourront être vendus comme noirs , noirs de raffinerie , ou résidus de rafinerie , des substances qui contiendraient des matières étrangères à l'industrie du rafineur, et dont la proportion de phosphate de chaux ne s'élèverait pas au moins à 45 pour cent de l'engrais.

Art. 4. — Ne pourront être également vendus sous le nom générique de charrées , des engrais contenant plus de 30 pour cent de matière siliceuse insoluble dans les acides.

Art. 5. — Quant aux noms divers à donner aux engrais , si la substance mise en vente n'est pas une de celles connues dans le commerce sous des noms spéciaux , le débitant pourra lui donner tel nom
qu'il voudra, excepté les noms déjà consacrés par l'usage ; toutefois ,
ce nom devra être approuvé par l'autorité municipale ; il sera refusé,
s'il prête à erreur ou à équivoque.

Art. 6. — Le nom de l'engrais sera écrit sur les enseignes et écriteaux intérieurs , sans abréviations , en lettres d'une grandeur uni-
forme et de 20 centimètres au moins de hauteur, de manière à être lu
facilement et à ne pouvoir être confondu avec aucun autre.

Art. 7. — Indépendamment du nom de l'engrais , l'écriteau fera
connaître : le chiffre indiquant la richesse en phosphate de chaux , si
la matière est un noir pur de raffinerie ; la richesse en phosphate de
chaux et en azote (principe animal) , si l'engrais est constitué par un
mélange de tourbes animalisées ou matières organiques quelconques,
avec des résidus de la fabrication de sucre.

Ce chiffre sera de la même grandeur que les lettres portées sur l'e-
criteau.

Art. 8. — Aucun marchand d'engrais ne pourra mettre en vente
uue substance fertilisante , soit dans un chantier particulier, soit dans
un dépôt public autorisé, avant qu'il ait placé sur le tas de cette substance un écriteau établi dans la forme et contenant les indications prescrites par les art. 6 et 7 qui précèdeut.

Art. 9.— A cet effet , le marchaud fera, au maire de la commune
dans laquelle sera établi un dépôt d'engrais , la déclaration du nom
de la substance qu'il se propose de mettre en vente.

Art. 10. — Aussitôt que le maire aura reçu cette déclaration , il
se transportera au dépôt d'engrais , ou enverra un délégué, à l'effet
de prendre sur les tas des diverses qualités qu'aura déclarées le dé-
b tant , un échantillon de chacune de ces qualités. Tout échantillon

pourra , si le marchand le désire, être partagé en deux portions , dont 'une étiquetée et revêtue du cachet ains que de la signature du maire ou de son délégué , restera entre les mains du propriétaire de 'engrais , comme garantie de la vérification à laquelle il doit être officiellement procédé ; l'autre portion , cachetée par le marchand, sera munie d'une étiquette signée par lui , indiquant le nom de l'engrais. Les échantillons seront du poids de 200 à 250 grammes. Ils devront être enfermés dans des sacs de toile ou des flacons , selon la nature de la substance. Le paquet sera , au besoin , renfermé dans un sac de toile , pour pouvoir être expédié à Nantes, sans danger de rupture.

Art. 11. — Aussitôt que l'échantillon nous sera parvenu , il en sera accusé réception , et nous provoquerons immédiatement l'analyse de l'engrais , dont le résultat sera consigné sur un registre coté et paraphé par nous. Cette formalité remplie , le procès-verbal de la vérification sera transmis au maire , qui en fera le dépôt au Secrétariat de la Mairie , où il sera communiqué à tous ceux qui voudront en prendre connaissance. Aussitôt réception de ce procès-verbal , le Maire en remettra au marchand une copie certifiée , qui contiendra distinctement la désignation précise de l'inscription à porter sur l'écriteau ou enseigne de l'engrais , sans que le marchand puisse ni modifier ni changer cette inscription.

Art. 12. — MM. les maires visiteront ou feront visiter fréquemment les dépôts particuliers ou publics des marchands d'engrais , pour s'assurer que toutes les dispositions prescrites par le présent arrêté sont exactement observées .

Art. 13. — Si , dans une de ces visites , un maire , l'inspecteur de l'agriculture ou tout autre délégué de l'administration , croit reconnaître une altération quelconque dans un engrais analysé , au moment où il a été mis en vente , il devra en prélever immédiatement un nouvel échantillon , en présence du marchand ou de ses représentants , et en se conformant aux dispositions de l'art. 10. Le marchand sera requis de cacheter et de signer le sac ou flacon dans lequel l'échantillon aura été enfermé. L'étiquette qui sera placée sur cet échantillon, devra être signée par le marchand et mentionner textuellement l'inscription de l'écriteau placé sur le tas de l'engrais suspecté d'altération.

En cas de refus, le fonctionnaire requérant cachettera et signera lui-même l'enveloppe de l'échantillon ; il dressera procès-verbal de son opération et du refus qu'il aura éprouvé. Le tout nous sera envoyé, et il sera procédé à la vérification chimique de la substance.

Art. 14. — Si le résultat de l'analyse constate une altération notable sur la qualité de l'engrais, comparativement avec la qualité essayée lors de la déclaration du marchand, toutes les pièces seront transmises à M. le Procureur de la République pour obtenir la punition de la fraude.

Art. 15. — Tout acheteur qui soupçonnera quelque falsification dans la nature de l'engrais mis en vente, aura droit de requérir le marchand de prélever sur la quantité vendue un paquet de 200 grammes environ, cacheté et signé par le marchand ou ses représentants, et indiquant l'inscription portée sur l'écriteau placé au-dessus du tas. Ce paquet sera déposé à la mairie pour nous être transmis ; il sera procédé, comme il vient d'être dit, pour l'examen de la substance suspecte, et pour la répression de la fraude, s'il y a lieu.

Art. 16. — Si le marchand refuse de signer et de cacheter le paquet contenant l'échantillon, l'acheteur pourra requérir le maire, qui procédera comme il est dit à l'article 10.

Art. 17. — L'acheteur qui aura provoqué l'examen chimique, prendra par écrit l'engagement de payer, s'il y a lieu, les frais de l'analyse, sauf recours contre qui de droit. Cet engagement sera joint au paquet cacheté.

Art. 18. — La plus grande publicité possible sera donnée aux résultats de ces épreuves et aux jugements des tribunaux qui pourront intervenir.

Art. 19. — Quiconque vendra des engrais sans avoir rempli les conditions prescrites par les neuf premiers articles du présent arrêté, sera poursuivi en simple police, en vertu de l'article 471, n. 15, du Code Pénal, et de plus traduit en police correctionnelle, s'il a trompé les acheteurs en attribuant faussement à sa marchandise le nom d'engrais connu dans le commerce.

Art. 20. — Tout marchand de noirs et engrais actuellement en vente, soit dans des chantiers particuliers, soit dans des dépôts publics, devra établir des écriteaux sur les tas de ces engrais, conformément aux prescriptions des articles 6 et 7 de cet arrêté, dans le délai d'un mois, sous peine d'être poursuivi comme il est indiqué à l'article 19.

Art. 21. — Le présent arrêté sera publié et affiché dans toutes les communes. Un exemplaire en placard devra toujours être affiché dans chaque magasin particulier ou public d'engrais.

antes, le 6 avril 1850.

Le préfet de la Loire-Inférieure, P. GAUJA.

Èntrepôt public d'Engrais.

Un arrêté, en date du 23 février 1850, a consacré la création d'un CHANTIER PUBLIC, situé à Nantes, sur la Prairie-au-Duc, et dans lequel les engrais déposés par le commerce et analysés par les soins de l'administration, sont placés sous la surveillance et la garde d'un agent de la Chambre de Commerce de Nantes.

Le prix de l'emmagasinage, dans ce chantier, est de 1 centime 1/4 par hectolitre et par mois.

Ouvrages du même Auteur.

TRAITÉ DE MANIPULATIONS CHIMIQUES, 1 beau vol. in-octavo, de 500 pages, avec planches sur acier et gravures sur bois, intercalées dans le texte.—Paris, 1843.

DE L'AIR CONSIDÉRÉ SOUS LE RAPPORT DE LA SALUBRITÉ, brochure in-18.— Paris, 1845.—Ouvrage honoré d'une souscription de la préfecture de la Seine.

NOUVEAUX PROCEDES DE CONSERVATION DES SUBSTANCES ANIMALES, mémoire communiqué à l'académie des sciences et à l'académie de médecine.— **Paris, 1846.**

QUELQUES MOTS SUR L'IMAOT DU SEL, DESTINÉ A L'INDUSTRIE, extrait du *Courrier de Nantes*, brochure in-octavo.— Nantes, 1846.

ETUDES CHIMIQUES SUR LES COURS D'EAU DE LA LOIRE-INFERIEURE, par A. Bobierre et Moride, mémoire ayant obtenu le grand prix Monthyon de l'Institut, un vol. in-octavo.— Nantes, 1847.

DE L'ATTRACTION UIVERSELLE ET DE SON ROLE DANS LES PHÉNOMENES CHIMIQUES, thèse presentée et soutenue devant le jury médical des Bouches-du-Rhône, in-quarto. — Marseille, 1846.

TECHNOLOGIE DES ENGRAIS DE L'OUEST (Moride et Bobierre), ouvrage couronné par la Société Nationale et Centrale d'Agriculture et honoré de deux souscriptions ministérielles, un beau vol. in-octavo.— Nantes, 1848.

COMMENTAIRES SUR LA NOUVELLE LÉGISLATION DES ENGRAIS, promulguée par M. Gauja, préfet de la Loire-Inférieure.— Brochure in-octavo.— Nantes, 1850.

RAPPORT A M. LE MINISTRE DE L'AGRICULTURE ET DU COMMERCE, sur la question des engrais dans l'ouest de la France. — Brochure in-octavo.— Nantes, 1850.

SOUS PRESSE.

QUARANTE LEÇONS DE CHIMIE ÉLÉMENTAIRE ET APPLIQUÉE, professées à la chaire municipale de Nantes.—Un vol. de 400 pages.

DE L'ALTÉRATION DES BRONZES employés au doublage des navires.

Nantes, Imp. V. Busseuil.

www.ingramcontent.com/pod-product-compliance
Ingram Content Group UK Ltd.
Pitfield, Milton Keynes, MK11 3LW, UK
UKHW031743170726
13836UKWH00002B/857